STUDIENARBEITEN DARSTELLENDE GEOMETRIE 2007–2013

W0272002

STUDIENARBEITEN DARSTELLENDE GEOMETRIE 2007–2013

Fakultät für Architektur, Karlsruher Institut für Technologie KIT

Udo Beyer (Hrsg.)

Inhalt

Axonometrie
Perspektive
Rechneranwendung
Wahlfach

Sieben Jahre nach Erscheinen der letzten Veröffentlichung von Studienarbeiten ist die Zeit reif für eine neue Dokumentation der zwischenzeitlich entstandenen Ergebnisse. Die vorliegende Broschüre widmet sich in ihrem Hauptteil wieder den Projektdarstellungen die am Ende des 1. und 2. Semesters des Architekturstudiums in Karlsruhe angefertigt werden.

Geändert hat sich in diesen Jahren sicher einiges, vor allem die Rahmenbedingungen für das Studium durch die Umstellung auf das Bachelor-/Master-System. Die damit seit dem Wintersemester 2009/2010 eingeführte Bewertung der Arbeitsbelastung in einzelnen Fächern durch das ects-Punktesystem hat natürlich Einfluss auf die Einstellung gegenüber solch handwerklich zeitintensiven Ausarbeitungen. Trotzdem entstehen immer noch graphisch wirkungskräftige und sauber durchgearbeitete handgezeichnete Axonometrien als Abschlussarbeiten in Darstellender Geometrie am Ende des ersten Semesters.

Die rasante Entwicklung der digitalen Technologien hat die Arbeitsweise im Berufsleben, vor allem auch im Bereich der Visualisierung,

Grundlage : Geometrie

Udo Beyer

stark beeinflusst. Aus diesem Grund werden die Projektdarstellungen am Ende des zweiten Studiensemesters seit dem Jahrgang 2005 verpflichtend als computergeneriertes Rendering gefordert. Wie die dokumentierten Beispiele erkennen lassen, sind die auf diesem Feld zur Verfügung stehenden Werkzeuge bemerkenswert leistungsfähiger geworden.

Um diesen Umstand in der Lehre angemessen zu berücksichtigen, wurde das Fach Rechneranwendung von der Fakultät im Herbst 2011 mit einer eigenen Stelle ausgestattet, die dem Lehrgebiet Darstellende Geometrie zugeordnet ist. Die seither in diesem Fach entstandenen Abschlussarbeiten werden in einem eigenen Abschnitt vorgestellt.
Als Gegengewicht zum allgemeinen Digitalisierungstrend finden seit Sommer 2011 wieder Zeichenexkursionen statt, die einen ganz anderen Zugang zu den Fragen an die Wirklichkeit entwickeln und pflegen sollen.
Die Beschäftigung in den Wahlfächern mit wechselnden aktuellen Themen, teilweise auch in Randbereichen der Geometrie oder weit darüber hinausgehend, kann, dem allgemeinen Trend zur Forschung genügend, als experimentelles Lernen verstanden werden.

Auch dieses Mal wurde die Verwirklichung der Broschüre erst durch einen substanziellen Zuschuss der Karlsruher Universitätsgesellschaft zu den Druckkosten ermöglicht.
Das gegenüber den drei Vorläufern reduzierte Format und die Notwendigkeit zur Einwerbung weiterer Sponsorenmittel ist dem allgemeinen Finanzengpass geschuldet, der ein Grundlagenfach ohne Drittmittelbudget wie die Darstellende Geometrie besonders empfindlich trifft.
Mein spezieller Dank gilt deshalb neben der großzügigen Universitätsgesellschaft und den Studenten, deren Arbeiten hier veröffentlicht sind, vor allem auch den studentischen Hilfskräften, die durch ihren überdurchschnittlichen Einsatz als Tutoren in der Lehre grundlegend zum Niveau der hier präsentierten Arbeiten beigetragen haben.
Karlsruhe, im März 2014 Udo Beyer

Axonometrie

Projektdarstellungen 1. Semester

axonometrie

Marc Bitz I Bleistift auf Transparent I Wintersemester 06/07

Ruzhina Nenova I Buntstift auf Karton I Wintersemester 06/07

■ Thu Quynh | Buntstift auf Karton | Wintersemester 06/07

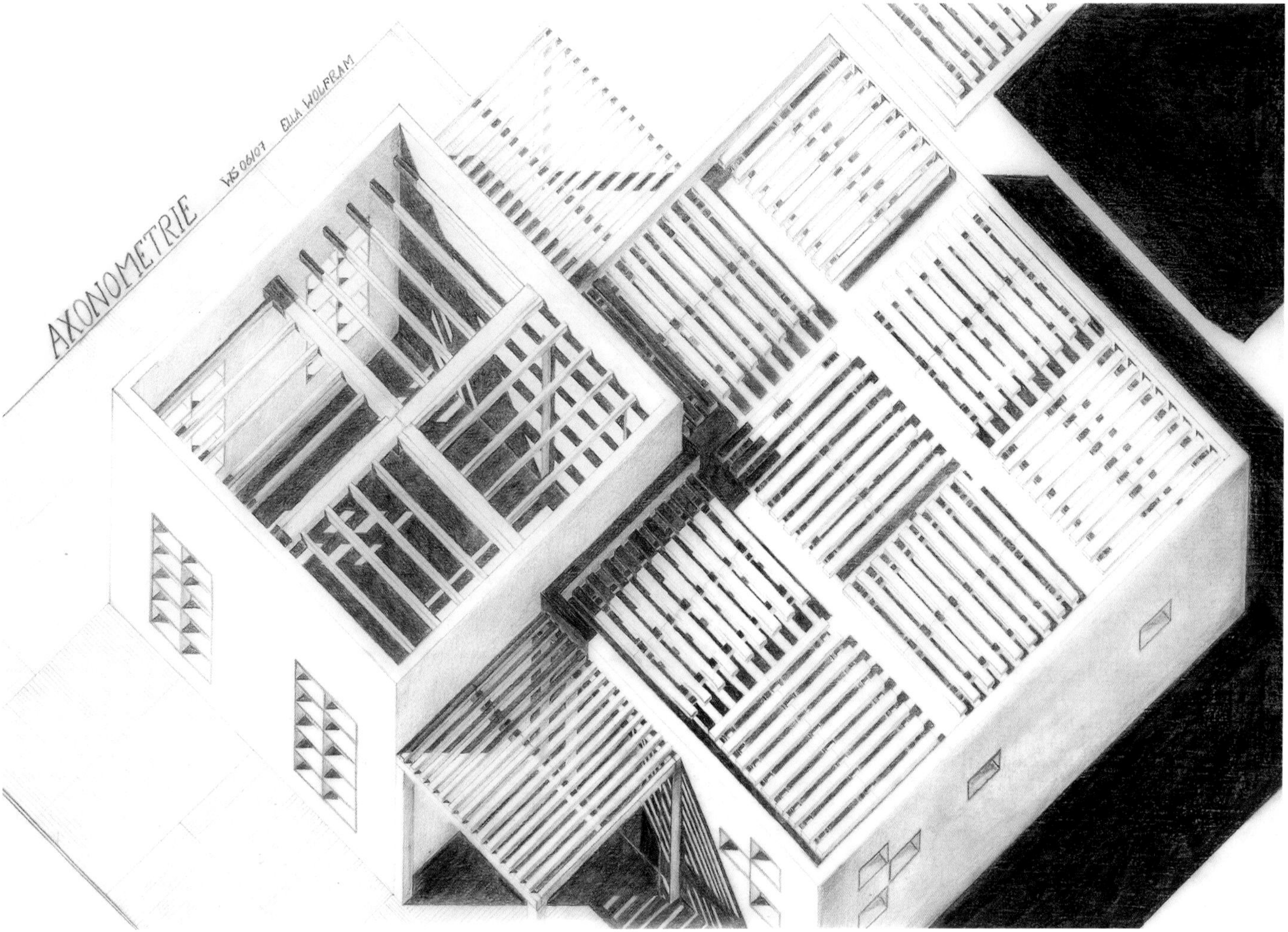

Ella Wolfram | Bleistift auf Transparent | Wintersemester 06/07

KIT Shuttle

Johannes Blechschmidt WS 07/08

■ Johannes Blechschmidt | Bleistift auf Transparent | Wintersemester 07/08

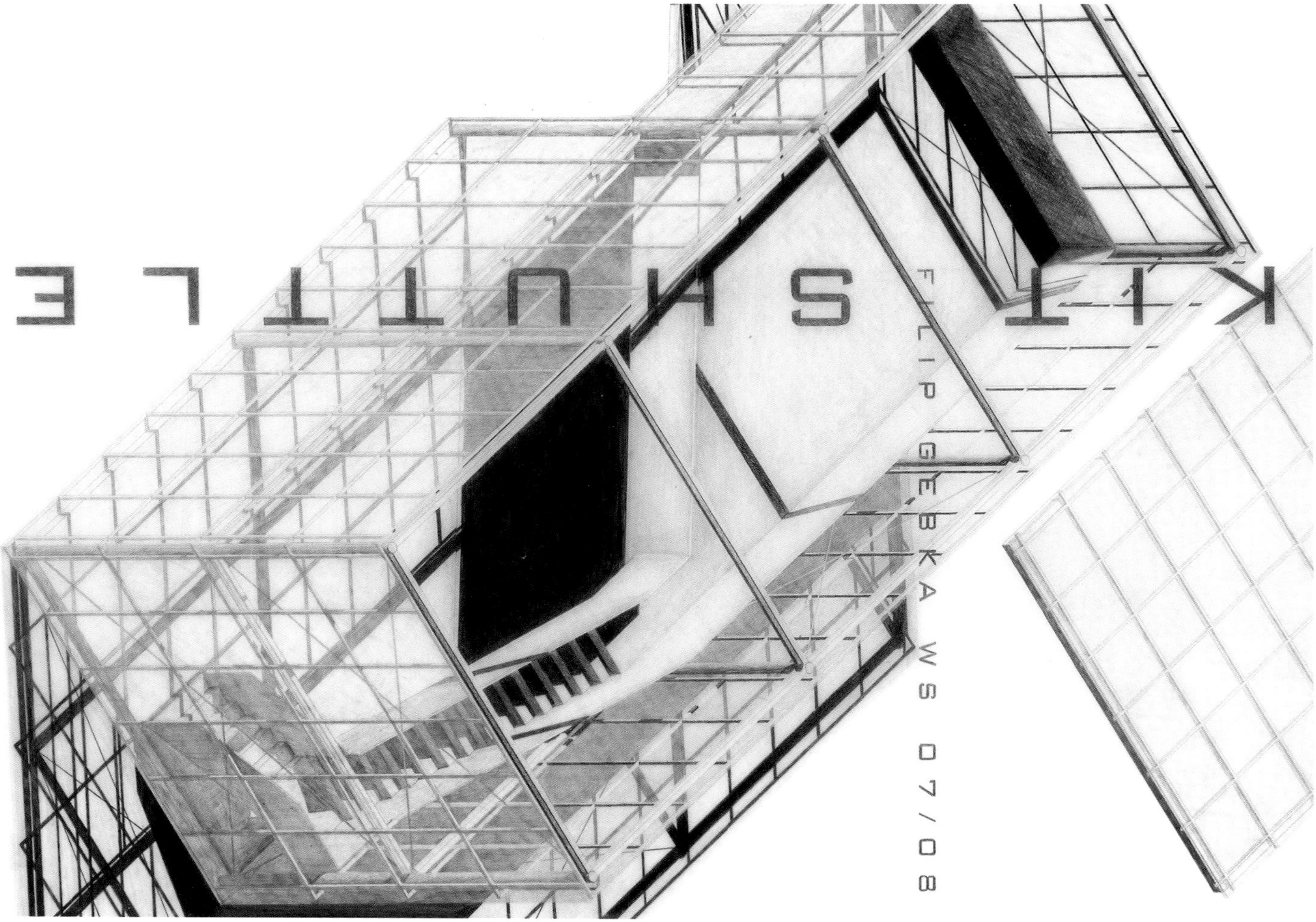
KIT SHUTTLE
FILIP GEBKA WS 07/08

Kristin Weinrich I Buntstift auf Karton I Wintersemester 07/08

Elisa Puchner I Bleistift und Buntstift auf Transparent I Wintersemester 07/08

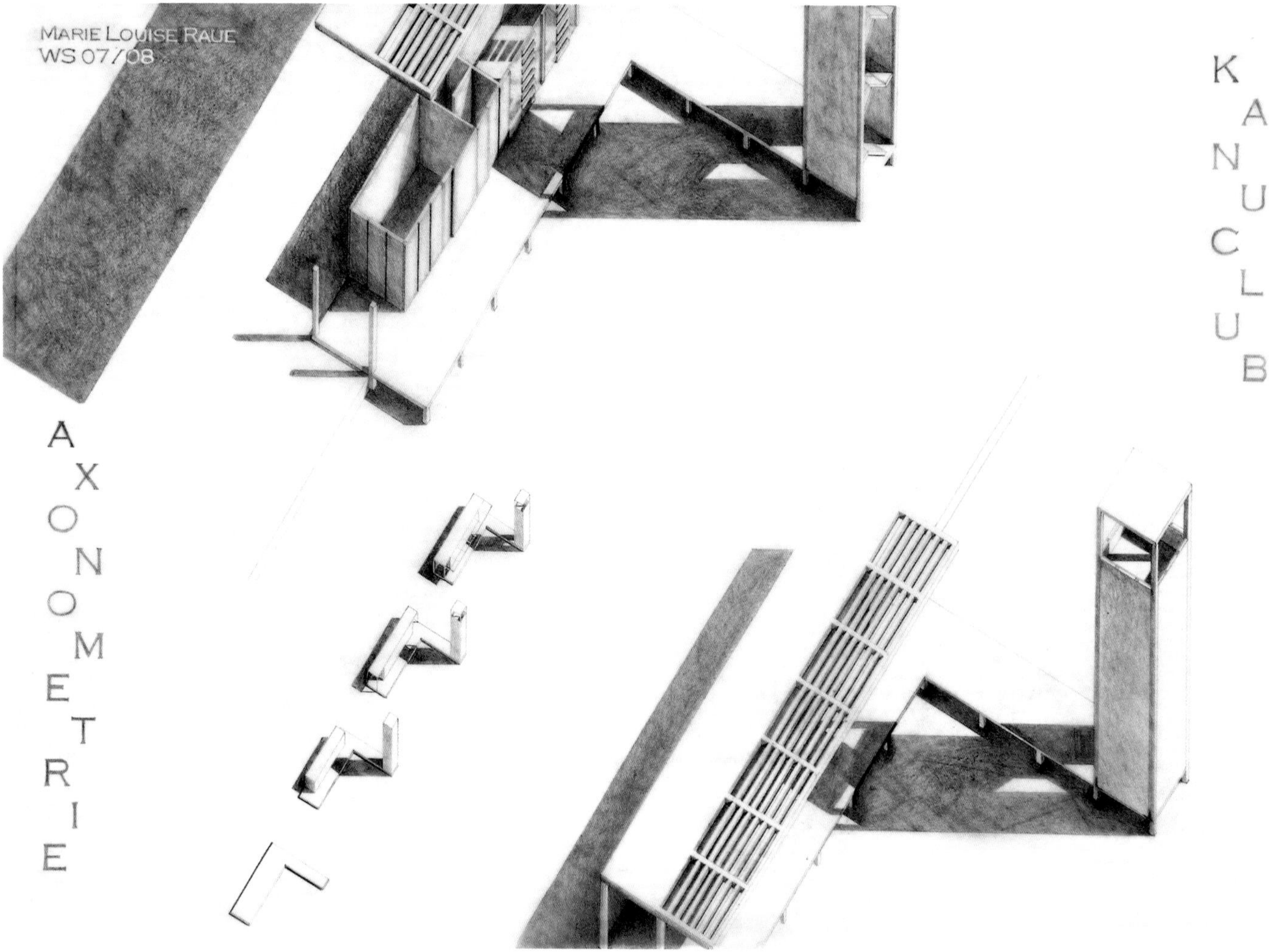

Marie Louise Raue | Bleistift auf Transparent | Wintersemester 07/08

Franziska Dorner | Bleistift auf Transparent mit Karton hinterlegt | Wintersemester 07/08

■ Andreas Blum I Bleistift auf Transparent mit Karton hinterlegt I Wintersemester 08/09

Eva Dahlke I Bleistift auf Transparent I Wintersemester 08/09

■ Pierre-Jean Holl | Bleistift und Buntstift auf Transparent | Wintersemester 08/09

Katharina Jansky I Buntstift auf Karton I Wintersemester 08/09

Sylvia Hauth I Bleistift auf Transparent I Wintersemester 08/09

Andrea Käsbohrer I Bleistift auf Transparent I Wintersemester 08/09

RHEINSTRANDBAD

Andrea Käsbohrer WS 08 / 09

Isabel Garcia Espino I Bleistift auf Transparent I Wintersemester 09/10

LABYRINTH

JOSCHKA KANNEN

WS 2009/10

Joschka Kannen I Bleistift auf Transparent I Wintersemester 09/10

■ Christian Klein I Bleistift auf Transparent I Wintersemester 09/10

Theophil Kluge | Bleistift auf Transparent mit Karton hinterlegt | Wintersemester 09/10

BAUEN MIT HOLZ
DIE KNEIPE

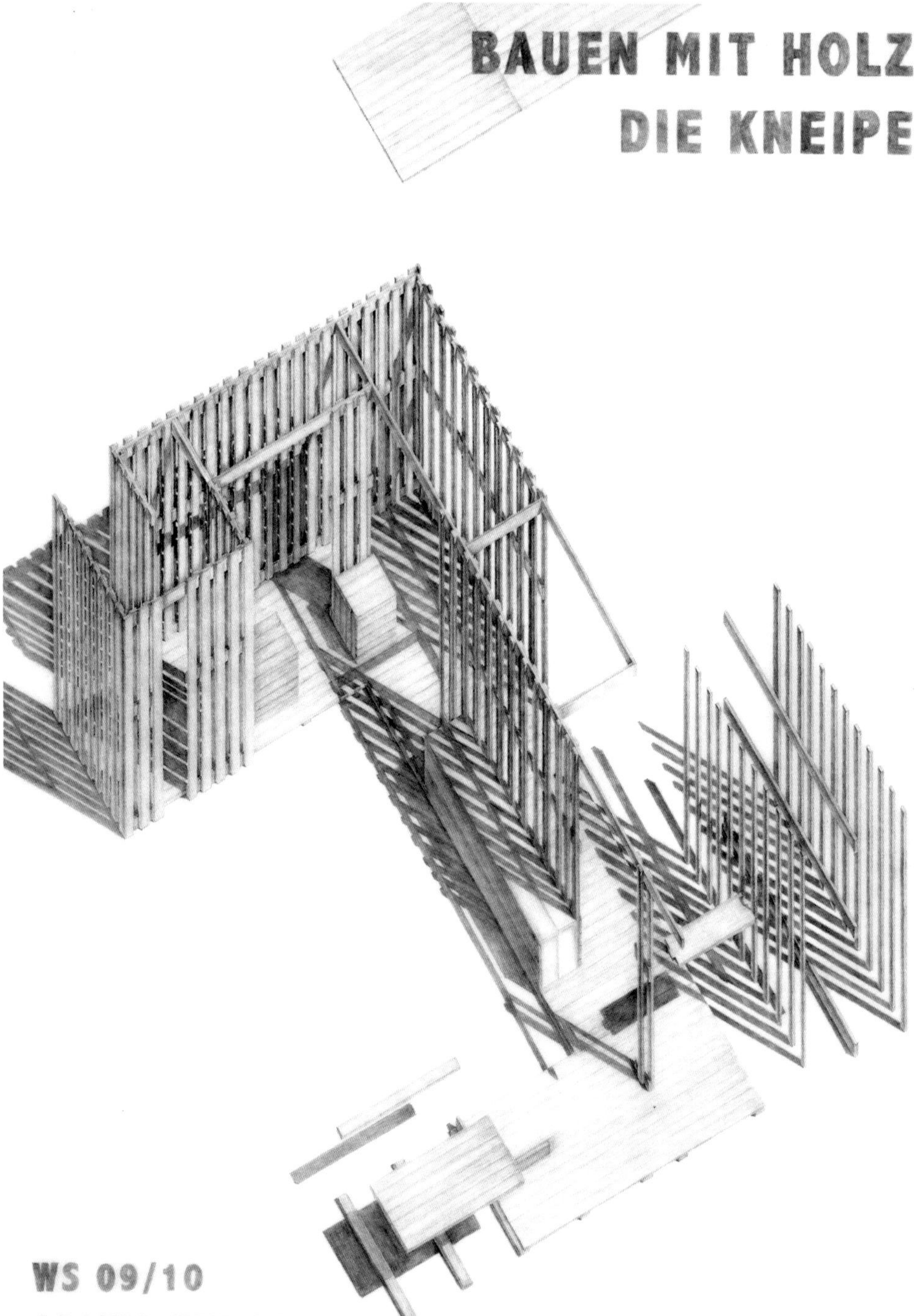

WS 09/10
SASKIA NIKLAS

Saskia Niklas | Bleistift auf Transparent | Wintersemester 09/10

Lisa Schmidt | Bleistift auf Transparent | Wintersemester 09/10

Roman Schelling | Bleistift auf Transparent | Wintersemester 09/10

Monja Wolf I Bleistift auf Transparent I Wintersemester 09/10

Weinkelterei

Monja Wolf WS 09/10

Florian Bengert | Buntstift auf Transparent mit Karton hinterlegt | Wintersemester 10/11

Ana Cecilia Barragán | Bleistift auf Transparent | Wintersemester 10/11

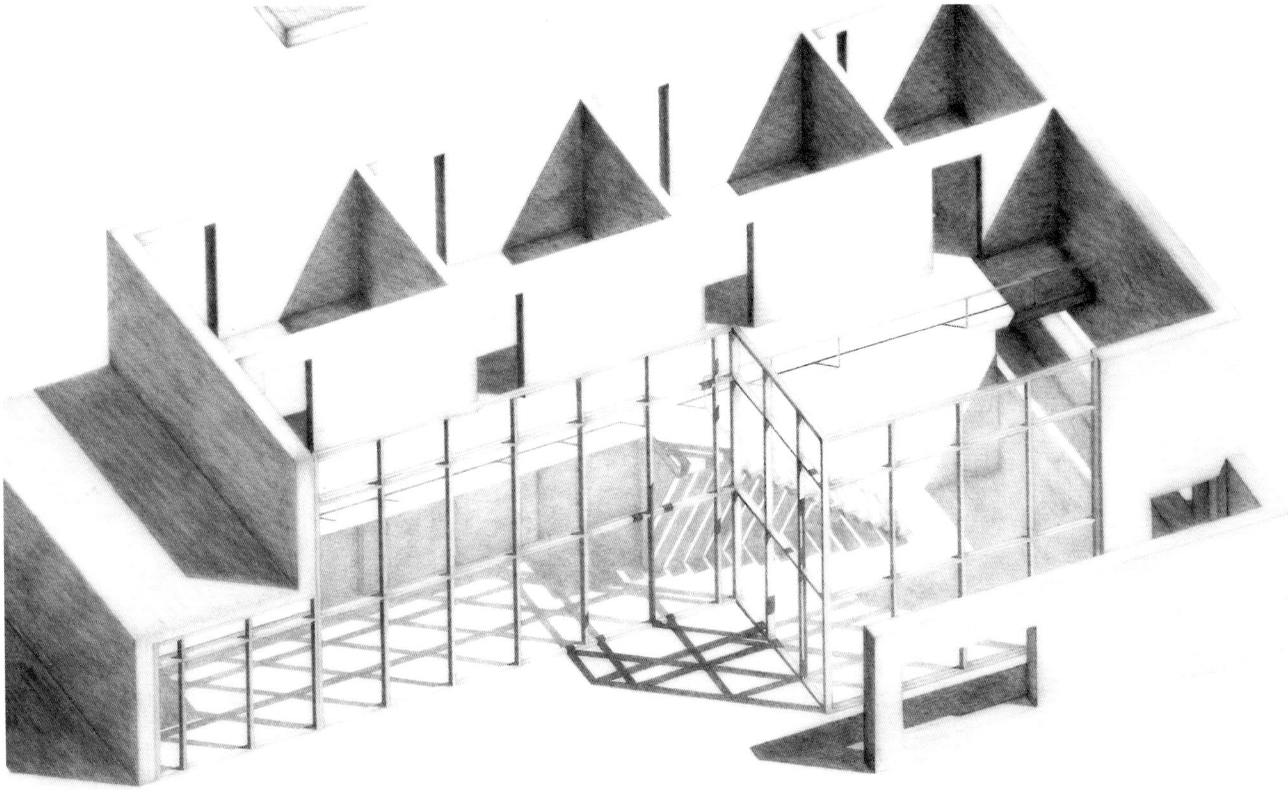

WOHNGEMEINSCHAFT

MARCEL SCHAAF WS 2010/11

■ Marcel Schaaf | Bleistift auf Transparent | Wintersemester 10/11

Michelle Langer | Bleistift auf Transparent | Wintersemester 10/11

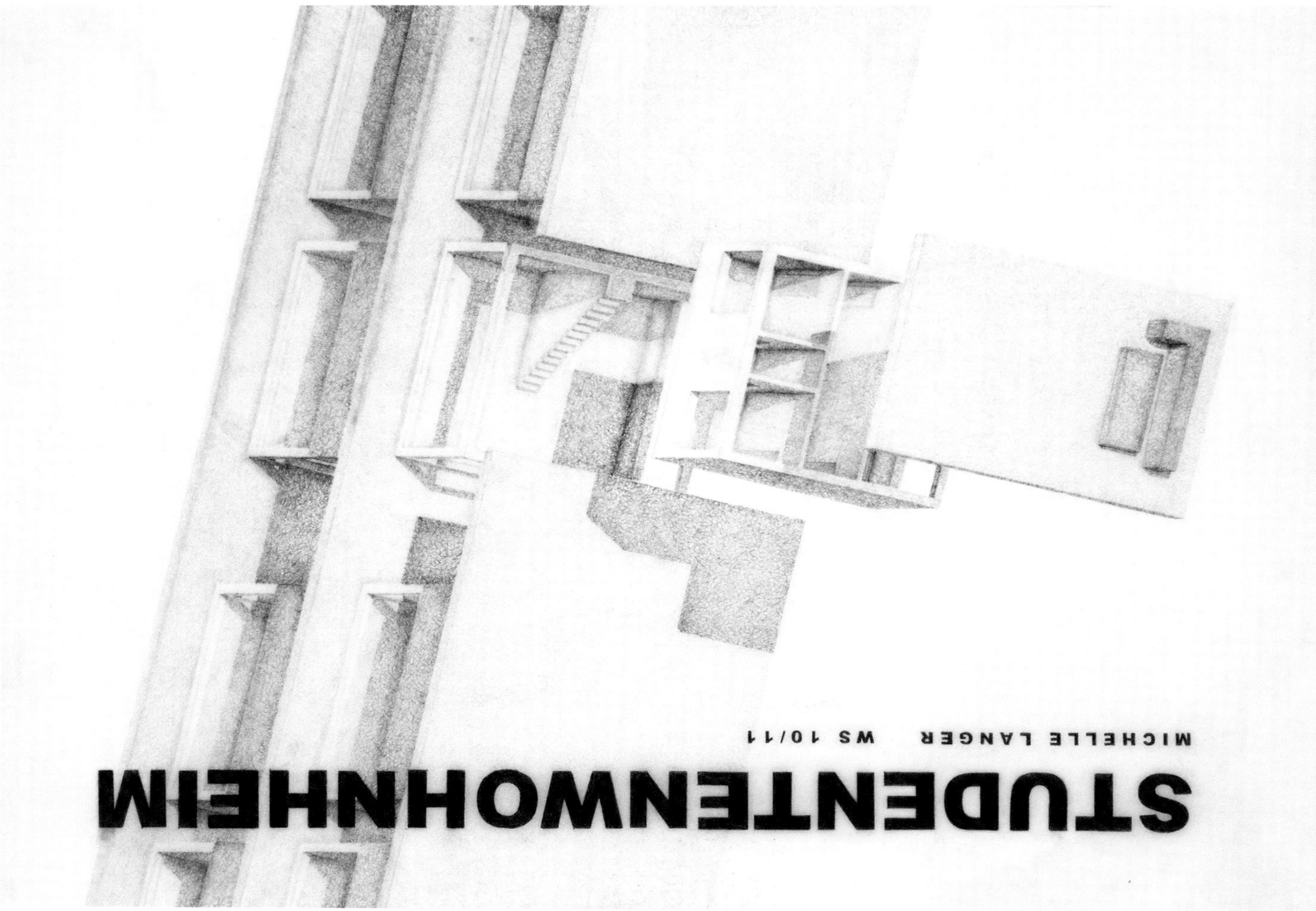

Andreyana Andreeva I Bleistift auf Transparent I Wintersemester 10/11

Hülya Yüce I Bleistift auf Transparent I Wintersemester 10/11

DRACHENFLUGSCHULE

MATTHIAS SPATH WS 10/11

■ Matthias Spath | Bleistift auf Transparent | Wintersemester 10/11

Matthias Berg WS11/12

Studentenwohnheim

Matthias Berg I Bleistift auf Transparent I Wintersemester 11/12

■ Viktoria Blum I Buntstift auf Karton I Wintersemester 11/12

Nadine Fechti | Buntstift auf Karton | Wintersemester 11/12

■ Carolin Brügge | Buntstift auf Karton | Wintersemester 11/12

Adrienne Michels I Buntstift auf Karton I Wintersemester 11/12

■ Lilly Arnold I Buntstift auf Karton I Wintersemester 12/13

Friederike Reis I Buntstift auf Karton I Wintersemester 12/13

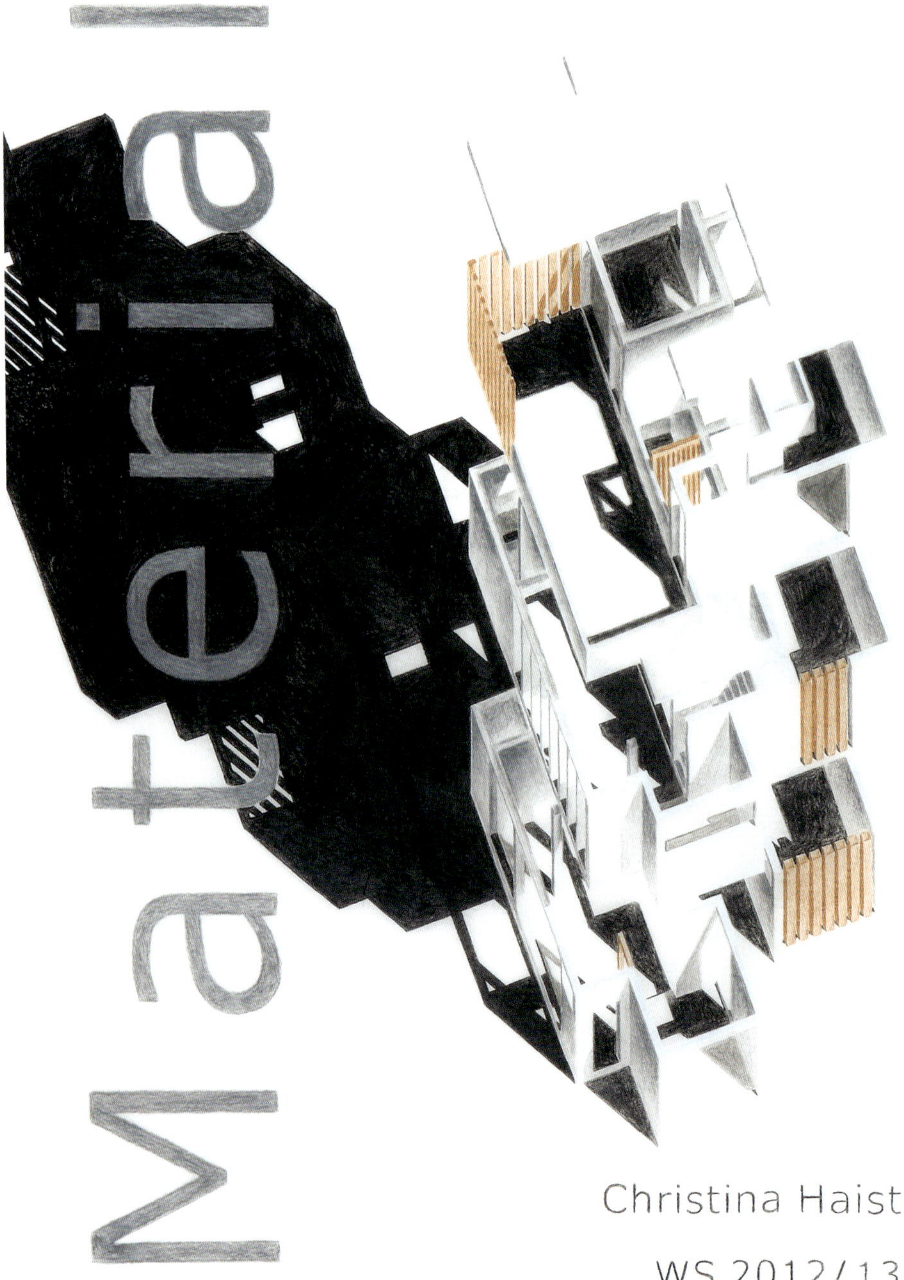

Christina Haist

WS 2012/13

Christina Haist I Buntstift auf Transparent I Wintersemester 12/13

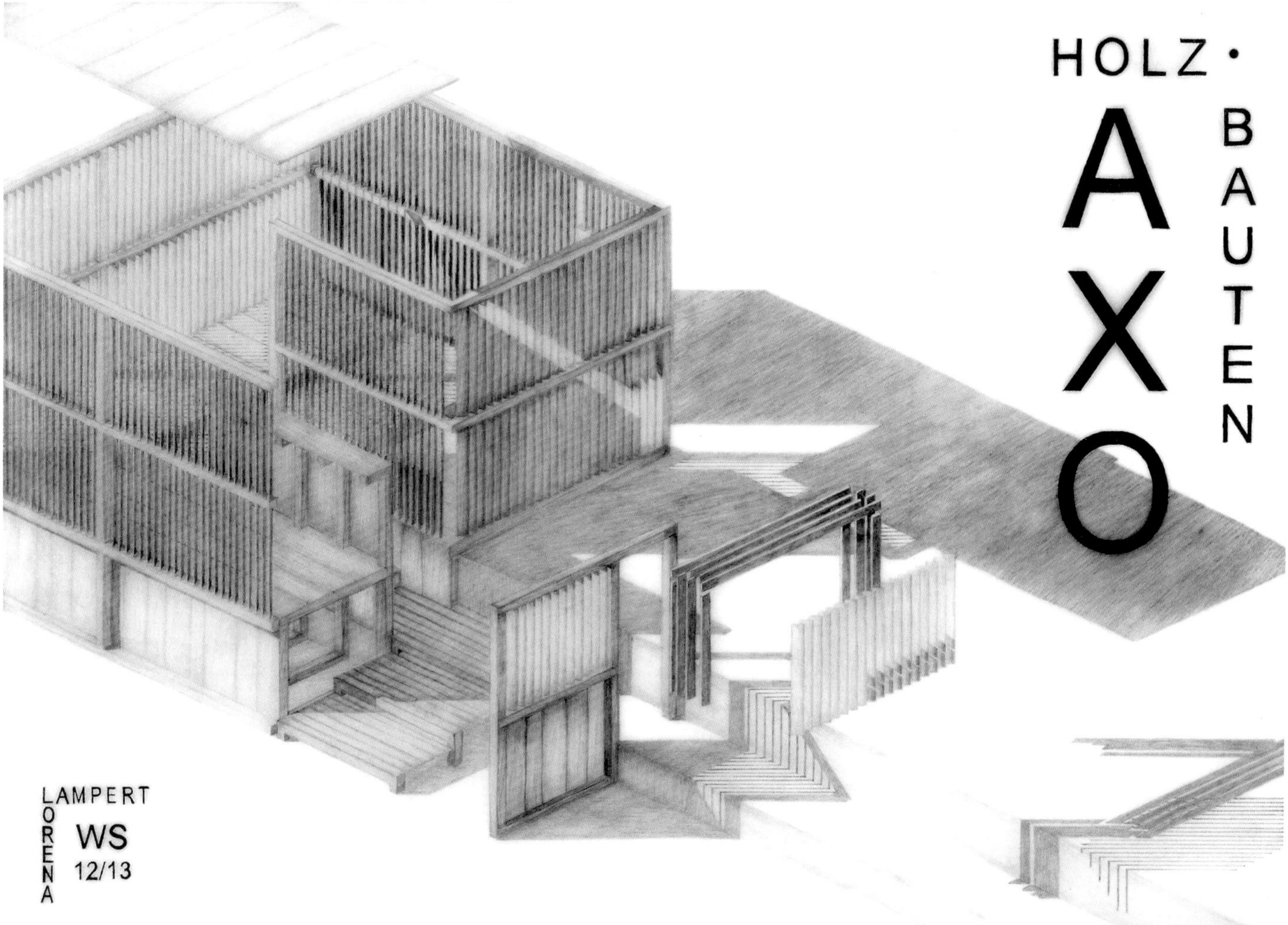

HOLZ·
AXO
BAUTEN
LAMPERT
LORENA
WS
12/13

Edith Mandel | Buntstift auf Karton | Wintersemester 12/13

Maren Geiger | Buntstift auf Karton | Wintersemester 12/13

Perspektive
Projektdarstellungen 2. Semester

■ Hanna Jäger | Allplan, Allplan | Sommersemester 07

ALICJA KOWALIK
ANBAU MCMULLEN
SS 07

Sebastian Metz | Archicad, Archicad | Sommersemester 07

STARKEY HOUSE LAKE SUPERIOR MINNESOTA . ERWEITERUNG FRIEDRICH SEIB SS 2007

Anbau Haus Breuer I SS 2007 Annamaria Tari

perspektive wohnhaus petya bratanova

Haus des Weines Maria Dallinger SS08

HAUS DES WEINES
DURLACH TURMBERG
JULIAN HEICK SS 08

Haus des Weines am Turmberg
Sebastian Kittelberger SS 08

haus des weines
am turmberg
andreas konrad ss08

■ Tram Huong Ngo | Archicad, Archicad | Sommersemester 08

Raum der Stille
Sommersemester 09
Marcus During

Haus der Stille
Aleksandar Krndija SS09

Christopher Kuehl | SketchUp, V-Ray | Sommersemester 09

■ Cristian Popescu | SketchUp, V-Ray | Sommersemester 09

raum der stille
julia a. schütz

■ Ben Speltz I SketchUp, V-Ray I Sommersemester 09

Haus der Stille
SS 09
Florian Zessin

■ Jannis Bruns | SketchUp, Artlantis | Sommersemester 10

MEIN WOHNEN | GIZZEM CINAR | SS 2010

Iman Charara I Archicad, Artlantis I Sommersemester 10

Isabel Garcia Espino
SS 2010 Hofhaus

SAMSTAG MORGEN
T KLUGE
SS 2010

Mein Wohnen
Sommersemester 2010 Lisa Schneider

GALERIE REIHENHAUS | CHRISTOPHER SITZLER | SS 2010

hofhaus lisa kahl ss 11

URBANE CLAIMS
Philipp Jager | SS 2011

urbane claims
FLORIAN BENGERT | SS 2011

■ Tobias Lamadé | SketchUp, Artlantis | Sommersemester 11

harte schale
weicher kern
sommersemester 2011
darstellende
geometrie
semesteraufgabe
maurice fabien
nitsche 1603187

Nadja Rauh
URBANE CLAIMS SS 2011

MATTHIAS SPATH SS 2011 URBANE CLAIMS

SS12 - Wohnen

Carolin - Brügge

■ Carolin Brügge | Archicad, Artlantis | Sommersemester 12

SLICE HOUSE
DECUSEARA TINCA SS 12

Juliane Diener I Revit, Cinema 4D I Sommersemester 12

mein haus
rio weber
ss12

BACK TO BASICS
NADINE FECHTI SS2012

MEIN HAUS
LISA DILIBERTO SS 12

Schreiberhaus Elena Ambacher SS 13

SS 13
Lisa Engist
Schreiberhaus

Max von Moltke | Rhino, 3ds Max | Sommersemester 13

schreiberturm
sommersemester 2013
valentin nusser

■ Sandy Stecher I Archicad, Cinema 4D I Sommersemester 13

Daniel Uhrig I SketchUp, 3ds Max/V-Ray I Sommersemester 13

Rechneranwendung
1. und 3. Semester

Computergestützte Entwurfsmethoden haben sich seit nunmehr fast 20 Jahren in der Architektur als Werkzeuge zur Konzeption und Umsetzung komplexer Gebäude etabliert. Die stetig voranschreitenden technologischen Entwicklungen fordern ein Gleichziehen in der Architektur-Ausbildung, zumindest aber die Vermittlung von soliden Grundkenntnissen in verschiedenen Sotwareanwendungen, sowie einen wachsamen Blick auf den Fortschritt und damit einhergehende Veränderungen der tradierten Arbeitstechniken.
Hauptaufgabe des im Wintersemester 2011 am Lehrgebiet Darstellende Geometrie installierten Faches Rechneranwendungen I und II ist es, die verschiedenen digitalen Werkzeuge und ihre Einsatzgebiete in den jeweiligen Planungs- und Ausführungsprozessen vorzustellen und an geeigneten Aufgaben zu trainieren. Mit einem Workload von 4 Creditpoints erhalten die Studenten Grundlagenlehre in Softwareanwendungen aus den Bereichen CAAD/Rendering, Bildbearbeitung und Grafik/Layout in jeweils didaktisch angepasster Form von Vorlesungen, mehrtägigen Workshops und wöchentlichen Übungen.

Small Portfolio

Katarina Roth

Das sehr limitierte Arbeitspensum erfordert ein besonderes Augenmerk auf zwei Bereiche der Lehre: zum einen ist die zeitliche und inhaltliche Anbindung an das Curriculum benachbarter Fächer wichtig, wo die erlernten Werkzeuge weiter eingesetzt und erprobt werden und zum anderen werden die Studenten stets zu einem eigenständigen und kreativen Einsatz der

digitalen Werkzeuge aufgefordert und eben nicht nur zur rezepthaften Abarbeitung der verschiedenen Aufgabenstellungen.
Als Ergebnisse entstehen aus Gebäudemodellen CAAD-Pläne zur Umsetzung eines kleinen Entwurfes aus dem 1. Semester, die Projektdarstellung in Darstellender Geometrie (Perspektive, 2. Semester) wird mit 3D-Modellierung, Rendering Workshops und Bildbearbeitungsinhalten unterstützt und schließlich wird mit dem »Small Portfolio« am Ende des 3. Semesters ein »Meisterstück« produziert.
Letzteres ist eine besondere Herausforderung an die Studenten, den bisherigen beruflichen und persönlichen Werdegang in geeigneter individueller Darstellungsform zu präsentieren, und zwar sowohl in analoger als auch in digitaler Form.
Dabei erfahren viele Studenten oft zum ersten Mal den diffizilen Prozess aus einer subtilen Vorstellung eine digitale Gestaltung zu erzeugen und diese dann in handwerklicher Manier in etwas »analog Greifbares« umzusetzen.
Die teilweise sehr originellen Portfolio-Ideen verlangen eine konzentrierte und weitsichtige Arbeitsweise. Fragen nach einer sinnvollen Hierarchie der Inhalte, der richtigen Papierwahl und einem entsprechenden Farbmodus, der Art der Bindung und Materialfügung u.v.m. müssen korrekt beantwortet werden.
Bei der digitalen Umsetzung des Portfolios müssen die wesentlichen Unterschiede des Mediums an Lesbarkeit, Hierarchie und Navigation beachtet werden.
Ein weiterer Lernaspekt bei der Erstellung des Portfolios ist das reflektive Vorgehen, denn die Studenten treffen Ihre Inhaltsauswahl und die Darstellungsart eigenverantwortlich. Sie prüfen dabei Ihre bisherige Entwicklung, erfassen systematisch Lernerfahrung und Lernerfolg, beurteilen die Qualität ihrer Leistungen und können persönliche Weiterbildungsstrategien planen.
So besteht die Hoffnung, dass in dieser Aufgabenstellung nicht nur das fachliche Können präsentiert wird, sondern das hohe Maß an Selbstbestimmung überfachliche Kompetenzen fördert.
Karlsruhe, im April 2014 Katarina Roth

JAN ROBIN LAURITZEN
... bin ich zur Welt gekommen
Meine Kindheit war voller Comics ...
... zum Lesen und Abzeichnen.
BRÜLL

02.2011 1.SEMESTER
Prof. Walter Nägeli

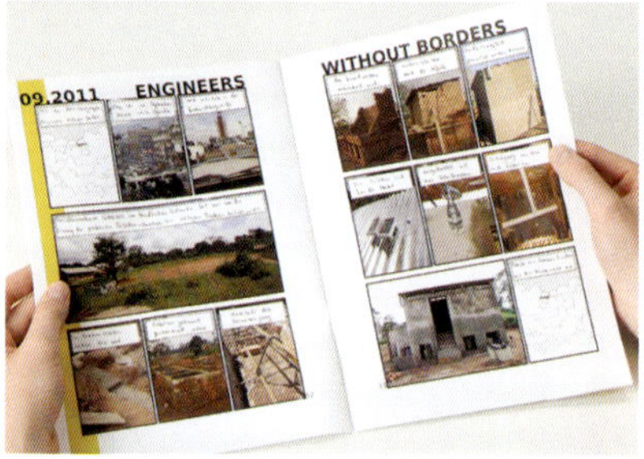
09.2011 ENGINEERS
WITHOUT BORDERS

02.2011 1.SEMESTER
07.2011

PORTFOLIO

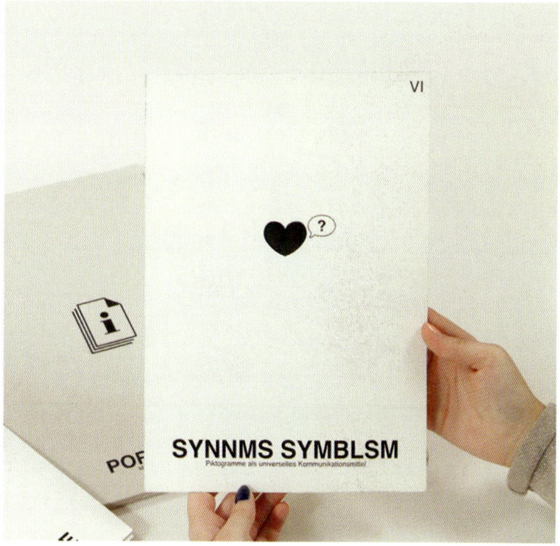
VI
SYNNMS SYMBLSM
Piktogramme als universelles Kommunikationsmittel

IV
DARSTELLUNG
Darstellende Geometrie - Perspektive SS 11

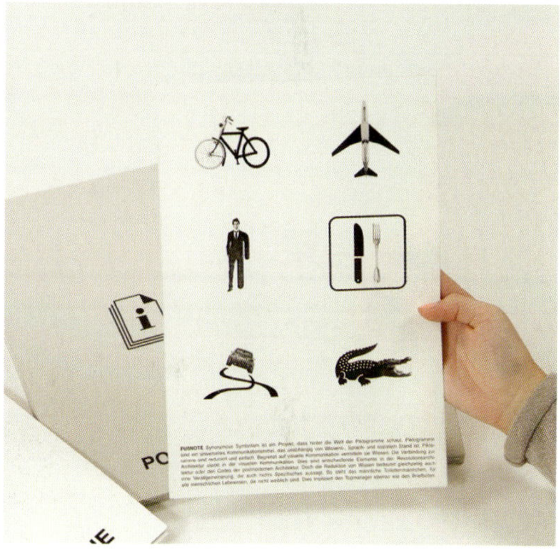

Inhalt
Vitae
Raum I
Basislager am Damm
Haus am Fluss
Analoge Fotografie
WB Münster
Aktzeichnen
Renderings
04
07
11
15
19
23
27
31

Renderings

Portfolio Philip Flögel

Schaustelle | Entwurf

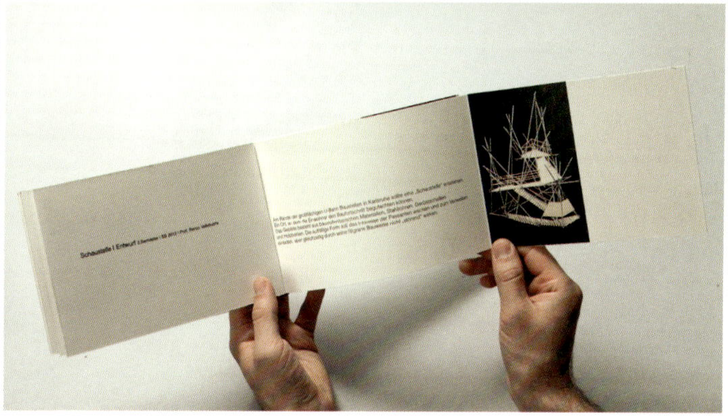

PORTFOLIO Svenja Sauer

contents:
1 CURRICULUM VITAE
2 STUDENTENWOHNHEIM
3 SCHAUSTELLEN
4 STATION DO
5 KUNSTPROJEKT
6 FOTOGRAFIE
7 BAUAUFNAHME

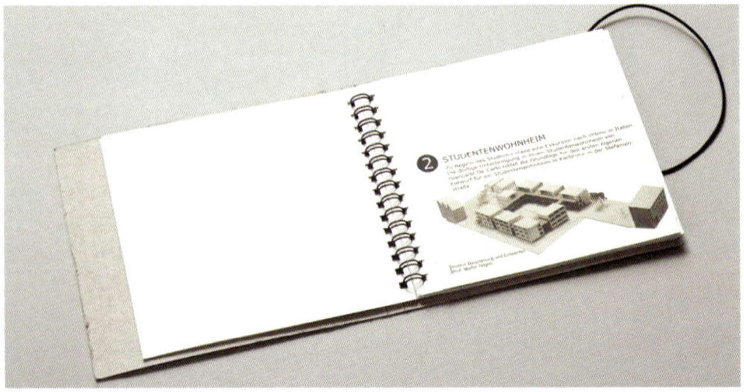
2 STUDENTENWOHNHEIM

6 FOTOGRAFIE

portfolio
Florian Rahn

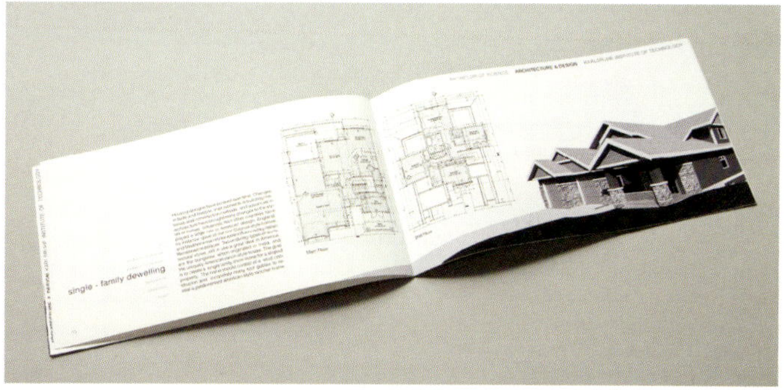
single - family dewelling

contact
portfolio
Florian Rahn

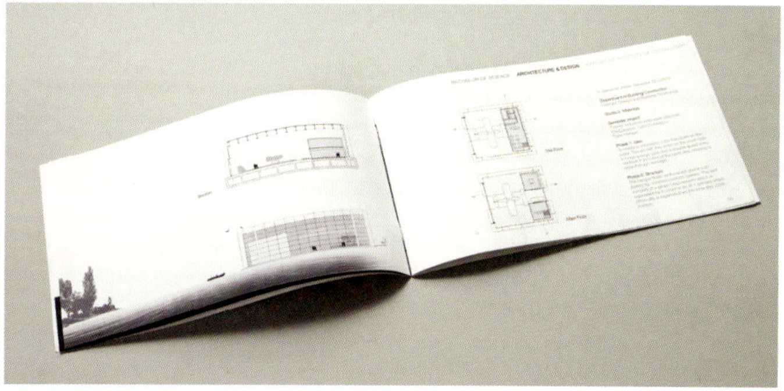

PORTFOLIO

3
MODUL 9

JERÓNIMO HAUG

1991
2011
Bachelorstudiengang
Architektur am KIT, Karlsruher Institut
Technologie
Praktikum
2012
Architekturbüro
Ragnarsdóttir+Oei
Hilfswissenschaftlicher Mitarbeiter am
seit 2012
Institut Entwerfen, Kunst und Theorie,
Fachgebiet Grundlagen der Architektur
Professor Alban Janson
Deutsch
Spanisch
Englisch
Gitarre
2011/12 NBBL, Nachwuchs Basketball Bundesliga
Vectorwoks, Adobe Indesign/Photoshop,
Archicad (Workshop)
EDV
3. SEMESTER
1. SEMESTER

Portfolio

Portfolio

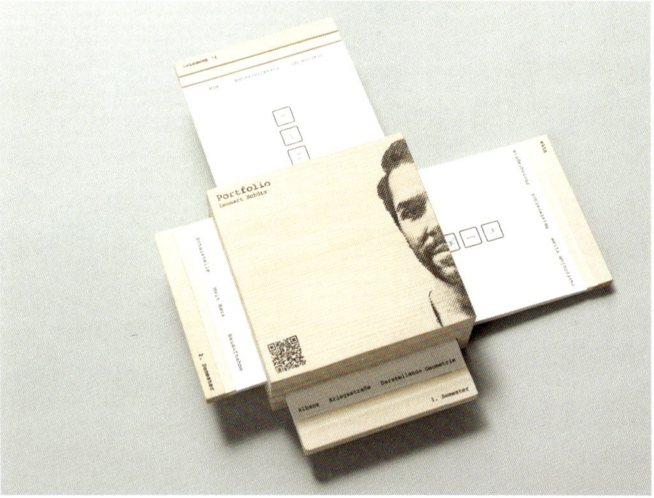
Portfolio

Portfolio

PORTFOLIO
Architektur

PIETER DE CUYPER
VITA

SCHAUSTELLE

SCHAUSTELLE
INSIDE OUT

Wahlfach

Zeichenexkursion
Sommersemester 2011, 2012, 2013

Exkursion
mit Reinhard Singer (Lehrauftrag)

Im Frühjahr 2011 reifte der Entschluss, wieder Exkursionen nach Südfrankreich durchzuführen um sich intensiv dem Freihandzeichnen zu widmen. Diese von Hans-Martin Erhardt, dem damaligen Professor für Bildende Kunst, in den 1980er-Jahren begründete Tradition schien es wert, fortgesetzt zu werden.
Abseits des üblichen Lehrbetriebes erfolgt hier eine existenzielle Auseinandersetzung mit der persönlichen Wahrnehmung. Dabei ist die Zeichnung als Äußerung durch die direkte körperliche Koppelung mit der Empfindung ein unvergleichlich mächtiges Werkzeug.
Zur Verstärkung und Stimulation dieser Kraft wird auf große Blätter im Format 70 x 100 cm gezeichnet.
Das Licht des Südens auf den kargen Hochebenen der »Grands Causses« fordert mit seiner Intensität heraus. Tief eingeschnittene Flusstäler bieten Schatten und überwältigende Felsabbrüche. Gemeinsame Durchsprachen der tagsüber in kleinen Gruppenausflügen oder Einzelwanderungen angefertigten Arbeiten geben Anregung und Stoff für Diskussionen.
Nach guter Verpflegung mit französischer Küche und Wein klingen die Abende meist auf der großen Freitreppe unter leuchtendem Sternenhimmel aus.

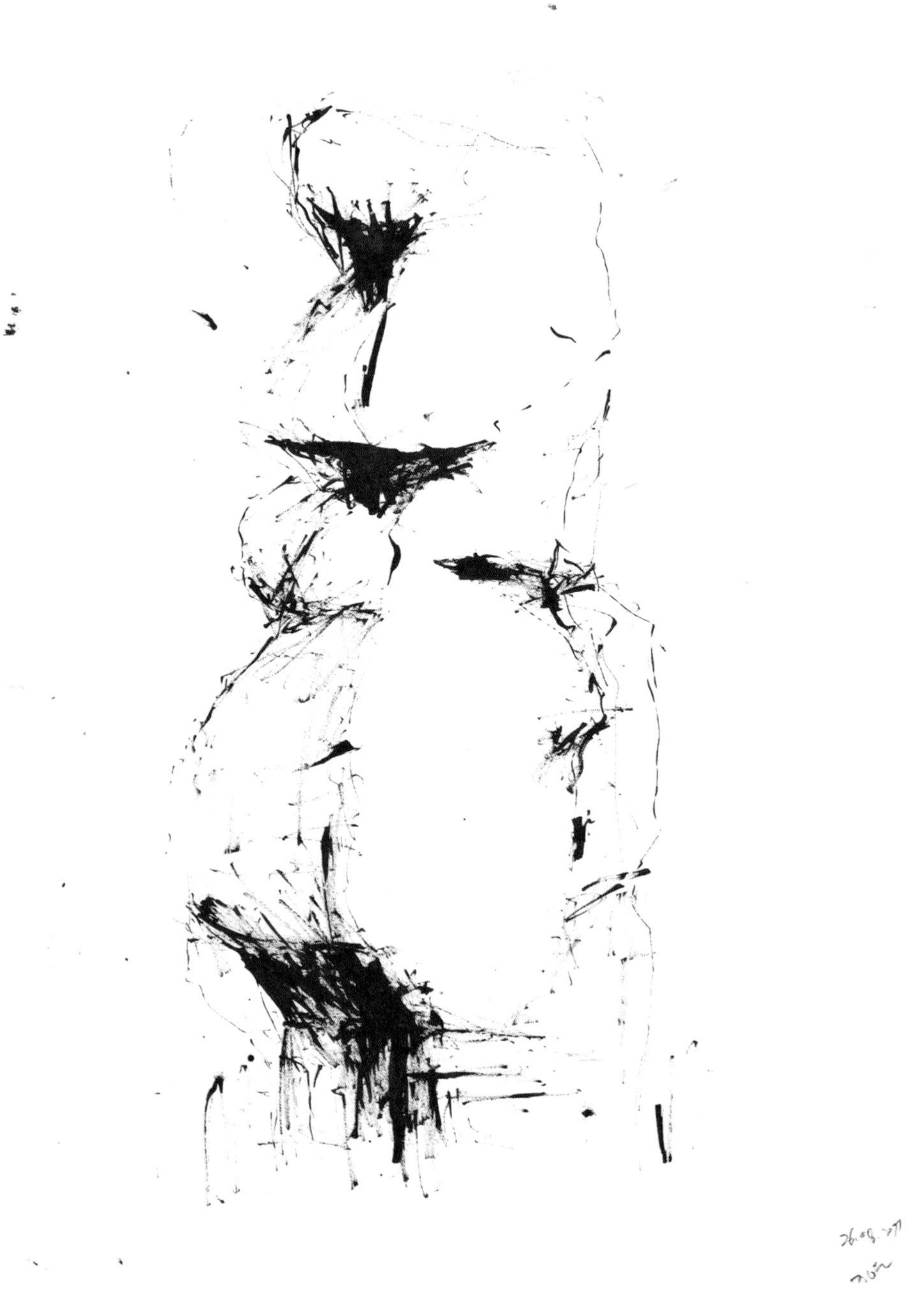

Josefine Maier 2011

25.18

Seminar

Die Planetenbewegung als Grundlage für den beobachteten Sonnenstand auf der Erde wurde in diesem Seminar theoretisch und praktisch an Modellen nachvollzogen. Am Helioskop konnten Sonnenstandsdiagramme für unterschiedliche Standorte und Jahreszeiten simuliert werden. Daraus gewonnene Skalen dienten als Grundlage für Zifferblätter für selbst entworfene Sonnenuhren in unterschiedlichster Ausführung.

Sonnenuhren

Sommersemester 2007

Sara Haas: Tragbare Ringsonnenuhr aus Filz
Bianca Endorfer: Äquatorial-Uhr aus Edelstahl
Kirsten Crößmann: Würfelsonnenuhr aus Holz

Experimentelle Entwurfsseminare
mit Anja Soeder (Grundlagen der Architektur)

Eine gründliche Untersuchung des Einflusses und der Möglichkeiten von Visualisierungstechniken im architektonischen Entwurfsprozess begann im Sommersemester 2008 mit der Organisation einer Vortragsreihe in Zusammenarbeit mit dem Fachgebiet Grundlagen der Architektur. Unter dem Titel »The eye of the architect« wurden Vertreter renommierter Architekturbüros eingeladen um über ihren jeweils spezifischen Umgang mit verschiedenen Darstellungsmethoden zu berichten[1].
Darauf basierende Entwurfsseminare in den beiden folgenden Semestern sollten die 6 Visualisierungstechniken, die sich aus den Vorträgen herauskristallisiert hatten bis an ihre Grenzen austesten: Collage, Zeichnung, MockUp, Storyboard, CAD-Modell und Diagramm mussten im Entwurfsprozess jeweils ausschließlich von einem Bearbeiter ausgewählt und verwendet werden[2].

Im Visier

Wintersemester 2008/09, Sommersemester 2009

[1] Die Vorträge sind als Videostream unter »www.montagsreihe.de« dokumentiert.
[2] Zu diesen Seminaren ist eine Veröffentlichung unter dem Titel »Im Visier« erschienen.
ISSN 1435-733X
(Abbildungen rechte Seite daraus)

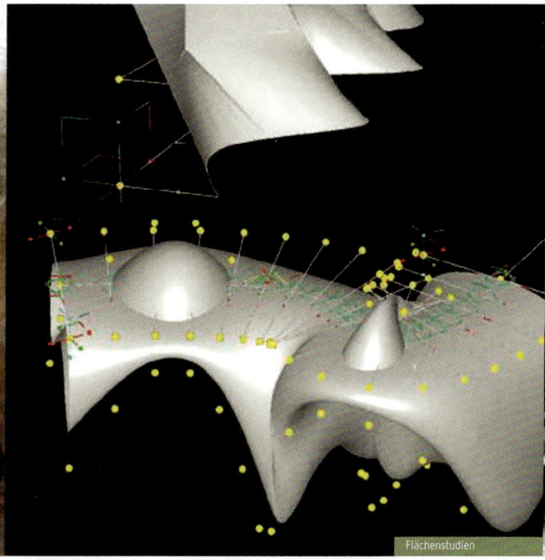
Flächenstudien

PHILIPS

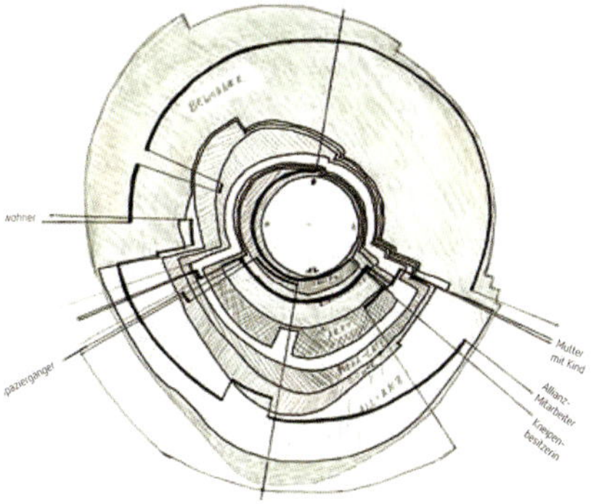
wohner
Mutter mit Kind
pazierganger
Allianz-Mitarbeiter
Kneipen-besitzerin

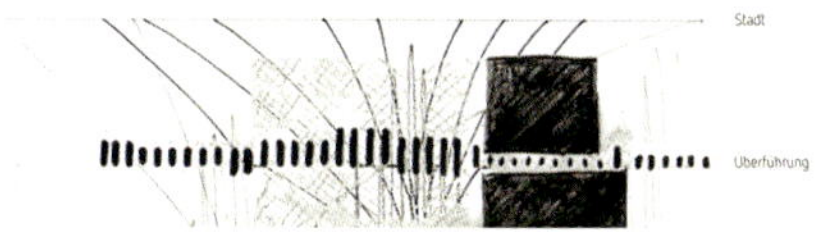
Stadt
Überführung

Bauaufnahme-Exkursion
mit Dorothea Roos (Baugeschichte)

Im Heiligtum von Olympia wurde durch das Fachgebiet Baugeschichte die Südhalle unter Einsatz moderner Laserscan-Verfahren neu vermessen. Die darauf aufbauende Rekonstruktion soll verschiedene Varianten in einem interaktiven parametrischen 3D-Modell erfassen. Die durch das Scanverfahren erzeugten Datenmengen stellen noch eine große Herausforderung bei der praktischen Umsetzung dar so dass das parallel dazu durchgeführte Aufmaß von Hand eine wichtige Grundlage bleibt.

Olympia 3D
Sommersemester 2010

Der 3D-Laserscanner im Einsatz
Visualisierung der 3D-Punktwolke
Korinthisches Kapitell virtuell und real
Handaufmaß und Gesamtplan

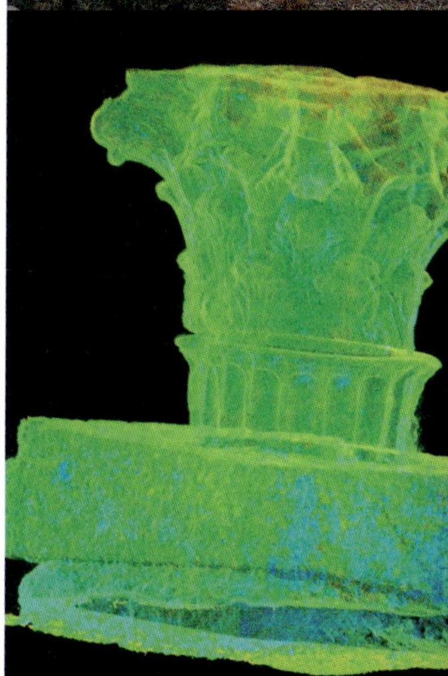
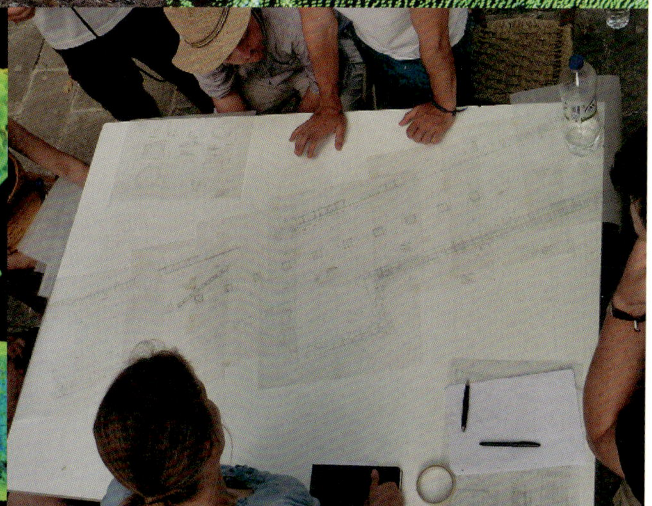

1001

Kompaktworkshops
mit Stephan Baumann (Bildende Kunst)

Als Fortführung und Erweiterung des bis dahin angebotenen Fotomontagekurses wurden ab 2010 unterschiedliche Visualisierungstechniken in einem Kompaktworkshop erarbeitet. In der ersten Woche galt es eine Auswahl von Beispielbildern aus Werbung, Malerei, Objektkunst und Fotografie als Anregung für zwei Kurzvisualisierungen unter dem Titel »im Stile von« zu nutzen. Begleitet war diese intensive Arbeitsphase von Input-Referaten zu einzelnen Darstellungstechniken wie Zeichnung, Collage, Diagramm, Storyboard, Film und Modell und einem Museumsbesuch. In der zweiten Workshop-Hälfte erarbeiteten die Teilnehmer begleitet durch Einzelbetreuungen eine individuelle Visualisierung zu einem eigenen Projekt. Es entstanden Collagen, Videosequenzen, Renderings, Fotomontagen, Comics und gemischte Projekte.

Visualisierungsstrategien
Wintersemester 2010/11 und 2011/12

Matthias Leschok: Comic
Styliani Polymenopoulou: Collage
Meike Wittenberg: Multiperspektive Montage
Carolin Döpfer: Modellfoto

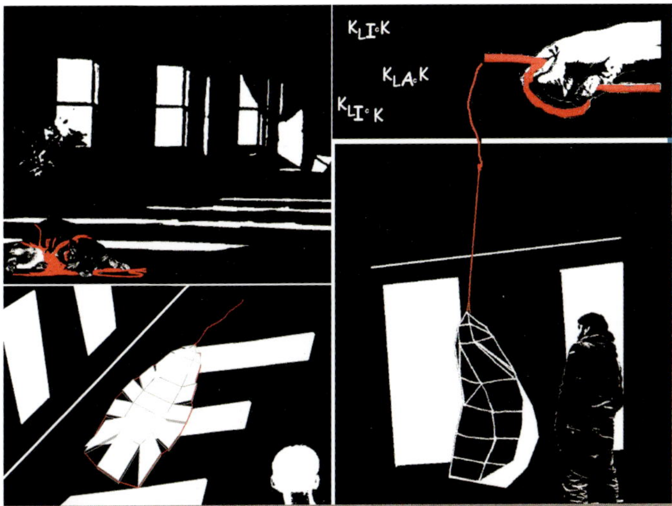

Grüße aus dem Urlaub !

Städtekarten
Sommersemester 2012

Seminar
mit Myriam Schahabian (Freie Künstlerin)

Angeregt durch ein Projekt der Künstlerin Myriam Schahabian beschäftigte sich das Seminar mit den Möglichkeiten der Darstellung von Stadt. Als Aufgabenstellung sollte eine Stadt im Format einer Postkarte möglichst umfassend oder in speziellen Teilaspekten auf ungewöhnliche und ansprechende Weise charakterisiert werden.
Dazu wurde nach einer Einführung durch Prof. Georg Vrachliotis vom Fachgebiet Architekturtheorie Kevin Lynch‘s Buch »Das Bild der Stadt« als Grundlage analysiert.
Das Sammeln von Beispielen aus Origami, PopUp und sonstigen Papierfalttechniken gab Anregungen für eigene Experimente. Jeder Teilnehmer erarbeitete daraufhin zu zwei selbst gewählten Städten jeweils eine individuelle Karte. Die Ergebnisse waren erstaunlich in ihrer Vielfalt: Schiebebilder, Aufstellkarten, durch Moirée-Effekte bewegte Bilder, Blindenschrift und Färbungen durch chemisch reaktive Stoffe wurden eingesetzt. Das Angebot, den neu eingerichteten Lasercutter der Fakultät für diese Aufgabe zu nutzen und zu erkunden wurde intensiv wahrgenommen und manche der extrem fein gearbeiteten Produkte wurden dadurch erst realisierbar.

Phi Long Ngo: Dubai
Theresia Müller: Heidelberg und Mannheim
Anne Kathrin Krumhard: New York
Peter Balzer: Paris für Blinde

MANNHEIM
Planken

Infografik
Sommersemester 2013

Seminar
mit Julia Kresin (Bildende Kunst)

Die Veranschaulichung vielschichtiger Informationen ist eine kontinuierliche Herausforderung im architektonischen Entwurfsprozess. Im Seminar wurden Einführungsreferate über grundlegende Konzepte der visuellen Kommunikation an den Anfang gestellt. Dabei kamen Klassiker wie Jacques Bertin, Edward R. Tufte und Otto Neurath genauso zur Sprache wie innovative Ansätze im generativen und interaktiven Design oder Mapping-Techniken mit Geo-Informations-Systemen. Die anschließende Themenfindung und Ausarbeitung einer individuellen Infografik wurde durch Kurzpräsentationen und Einzelbetreuungen begleitet. Die Ergebnisse zeigen eine überraschende Vielfalt an Fragestellungen und Interpretationsformen. Von Parfums über Waldsterben, Kriege, Segelregatten, Weinproduktion, Weltraummissionen, Auslandsstudenten, VW-Bulli-Typen, Lebensmittelverwertung, 3D-Druckmaterialien und Postkarten bis zu Gesprächsanalysen, Mountainbikefahrten und Teppichknüpftraditionen wurden die unterschiedlichsten Fragestellungen untersucht und analysiert.

Ewelina Wolnowska: Segelregatten
Binghua Tu: Schwärze im Schwarzwald
Kim Templin: Weinproduktion
Olivia Ziegler: VW-Bulli

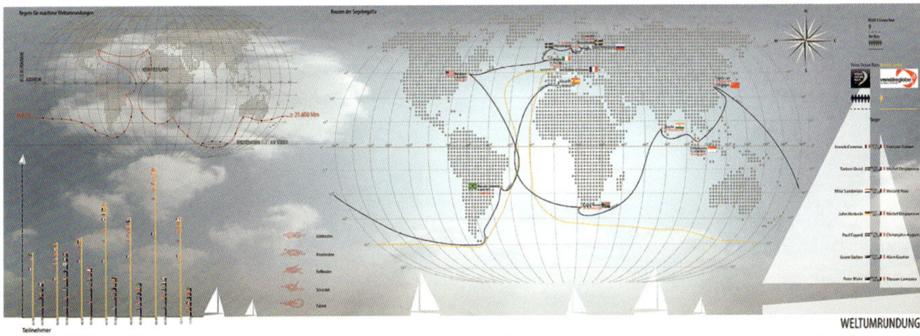
WELTUMRUNDUNG
Teilnehmer

黑 SCHWÄRZE IM SCHWARZWALD
Diese Infografik kommt als eine Ergänzung zum Entwurf AN RAND VON ARKADIEN und zur meinen eigenen Untersuchung der SCHWÄRZE vor.Die das Thema betreffenden Fotos aus meinen Exkursionrekorden werden zusammen mit den verwandten Begriffen von den beides deutschen und chinesischen Sprachen in eine WOLKE eingefügt, um hoffentlich jede eigene Vorstellung und Association der Phänomene SCHWÄRZE IM SCHWARZWALD mithilfe meiner persönlichen Perspektive zu erregen.
森
深
蔭
DÜSTERNIS
DUNKLE MATE-RIALIEN
DUNKELFARBIGKEIT
DUNKLE LANDSCHAFT

from a grape to a bottle
The 2011
Big Easy
vinyard
Helderberg
Stellenbosch
Piekenierskloof
July 2009
prune
Sept
Oct
budding
flowering
Dec
berrying
Jan
colouring
Feb
harvest
fermentation
storing
August 2012
ingredients
Alcohol 14.68%
Residual sugar 3.7 g/l
Total acidity 6.2 g/l
pH 3.68
smells
tastes
40 CINSAUT 4%
40 VIOGNIER 4%
40 MOUVÈDRE 4%
70 GRENACHE 7%
200 CABERNET SAUVIGNON 20%
610 SHIRAZ 61%
ripening
bottling
August
1000 grapes = 0.75l
Production 2011
90.000 bottles
120 tons grapes
60.000.000 grapes
French Oak
American Oak

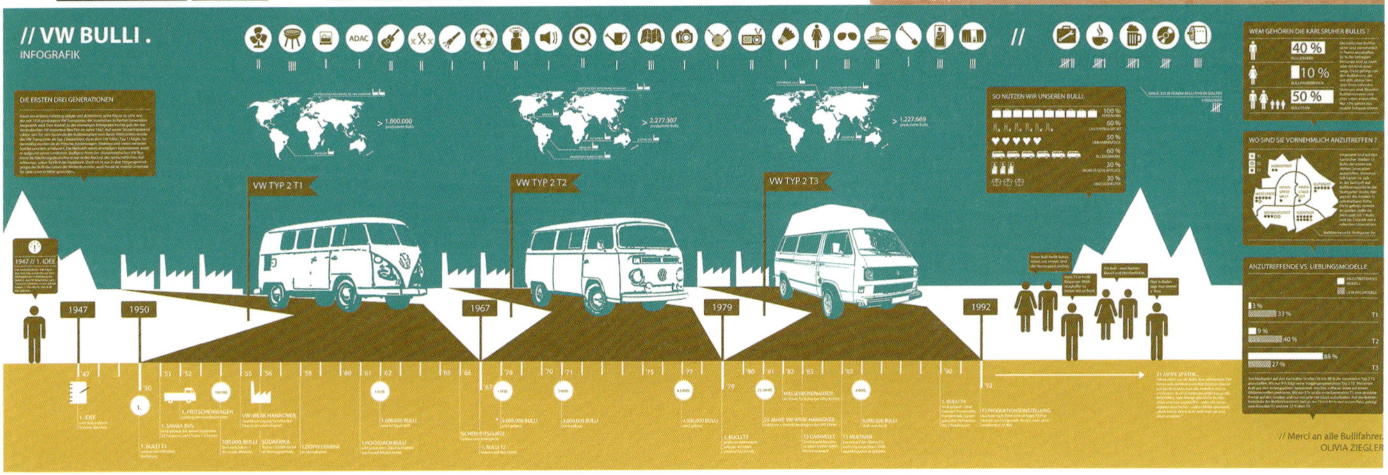
// VW BULLI .
INFOGRAFIK
ADAC
DIE ERSTEN DREI GENERATIONEN
> 1.800.000
> 2.277.307
> 1.227.669
SO NUTZEN WIR UNSEREN BULLI:
WEM GEHÖREN DIE KARLSRUHER BULLIS ?
40 %
10 %
50 %
WO SIND SIE VORNEHMLICH ANZUTREFFEN ?
ANZUTREFFENDE VS. LIEBLINGSMODELLE
33 %
40 %
84 %
27 %
T1
T2
T3
VW TYP 2 T1
VW TYP 2 T2
VW TYP 2 T3
1947 // 1. IDEE
1947
1950
1967
1979
1992
1. IDEE
1. BULLI T1
1. PRITSCHENWAGEN
1. SAMBA BUS
VW WERK HANNOVER
SÜDAFRIKA
1. DOPPELKABINE
1.000.000 BULLI
1. HOCHDACH BULLI
SICHERHEITSSÄULE
1. BULLI T2
2.000.000 BULLI
3.000.000 BULLI
4.000.000 BULLI
1. BULLI T3
WASSERBOXERMOTOR
25 JAHRE VW WERK HANNOVER
T3 CARAVELLE
T3 MULTIVAN
6.000.000 BULLI
T3 PRODUKTIONSEINSTELLUNG
1. BULLI T4
21 JAHRE SPÄTER...
// Merci an alle Bullifahrer.
OLIVIA ZIEGLER

Register

Heick, Julian
Holl, Pierre-Jean
Im, Jung Eun
Jäger, Hanna
Jager, Philipp
Jansky, Katharina
Kahl, Lisa
Kannen, Joschka
Käsbohrer, Andrea
Kittelberger, Sebastian
Klein, Christian
Kluge, Theophil
Konrad, Andreas
Kowalik, Alicja
Krndija. Aleksandar
Krumhard, Anne Kathrin
Kuehl, Christopher
Kunz, Deborah
Lamadé, Tobias
Lampert, Lorena
Langer, Michelle
Lauritzen, Jan Robin
Leschok, Matthias
Maier, Josefine
Mandel, Edith
Metz, Sebastian
Michels, Adrienne
Michlig, Mana
Müller, Theresia
Nenova, Ruzhina
Ngo, Phi Long
Ngo, Tram Huong
Niklas, Saskia
Nitsche, Maurice Fabien
Nusser, Valentin
Polymenopoulou, Styliani
Popescu, Cristian
Puchner, Elisa
Quynh, Thu
Rahn, Florian
Raue, Marie Louise
Rauh, Nadja
Reis, Friederike
Sauer, Svenja
Schaaf, Marcel
Schelling, Roman
Schmidt, Lisa
Schmitz, Thomas
Schneider, Lisa
Schütz, Julia
Schütz, Lennart
Seib, Friedrich
Sitzler, Christopher
Sobanski, Milena
Spath, Matthias
Speltz, Ben
Stecher, Sandy
Tari, Annamaria
Templin, Kim
Tu, Binghua
Uhrig, Daniel
von Moltke, Max
Wald, Michael
Weber, Rio
Weinrich, Kristin
Wittenberg, Meike
Wolf, Monja
Wolfram, Ella
Wolnowska, Ewelina
Yüce, Hülya
Zessin, Florian
Ziegler, Olivia

Karlsruher Universitätsgesellschaft e.V.
Postfach 6980, 76049 Karlsruhe
http://www.kug.kit.edu

KVK GmbH & Co. KG
Ellmendinger Str. 15, 76227 Karlsruhe
http://www.kvk.de

ComputerWorks GmbH
Deutscher Distributor für Vectorworks
Schwarzwaldstraße 67, 79539 Lörrach
http://www.computerworks.de

Obergfell GmbH
Geigenrain 5, 78664 Eschbronn-Locherhof
http://www.obergfell-online.de

Gerstäcker-Bauwerk GmbH
Adlerstraße 30-32, 76133 Karlsruhe
http://www.gerstaecker.de

Sponsoren

Die aufgeführten Sponsoren haben durch ihre freundliche Unterstützung die Realisierung dieser Veröffentlichung ermöglicht.

KARLSRUHER UNIVERSITÄTS-GESELLSCHAFT
KUG

KVK

Vectorworks®

Obergfell
Spezialist im Großformat

Das Beste für Ihre Kunst
Gerstaecker
■ Konkurrenzlos günstig im Preis! ■ Mehr als 30.000 Artikel auf über 1.200 qm

Herausgeber
Udo Beyer, Dipl.-Ing. Architekt
Redaktion
Udo Beyer
Katarina Roth
Isabel Garcia Espino
Umschlag
Udo Beyer, basierend auf einer Übungsaufgabe aus dem Vertiefungskurs DGII/PEII, Grafik erstellt mit Vectorworks & Processing
Layout und Satz
Udo Beyer
Isabel Garcia Espino
Reproduktionen
Zentrale Fotowerkstatt der Fakultät Architektur, Bernd Seeland
Bildbearbeitung
Isabel Garcia Espino
Druck
NINO Druck GmbH, Neustadt/Weinstr.
Papier
LuxoArt Samt, 135 g/m²

1. Auflage 1-500, April 2014

ISBN: 978-3-9807966-8-2

Impressum

© Verfasser der Arbeiten
c/o Karlsruher Institut für Technologie KIT
Fakultät für Architektur
Institut Entwerfen, Kunst & Theorie
Lehrgebiet Darstellende Geometrie
Englerstr. 7, 76131 Karlsruhe
Fon: +49 721 608-42174
Mail: dg.beyer@kit.edu
Web: http://dg-arch.ekut.kit.edu